Impressum:

Copyright © 2015 GRIN Verlag, Open Publishing GmbH
Druck und Bindung: Books on Demand GmbH, Norderstedt Germany
ISBN: 978-3-668-12993-1

Semih Önder

Adipositas im Kindes- und Jugendalter. Therapeutische Maßnahmen und Kritik in der sozialen Arbeit

GRIN Verlag

Oberstufen-Kolleg an der Universität Bielefeld
WS 2015

Adipositas im kindes- und Jugendalter. Therapeutische Maßnahmen und Kritik in der sozialen Arbeit

EXPOSEE

Im Rahmen dieser Hausarbeit werden Ihnen unter anderem die Ursachen von Adipositas erklärt. Was ist überhaupt Fettleibigkeit und wie lässt es sich therapieren? Die folgende Hausarbeit wird Ihnen einen guten Einblick in das Thema Adipositas geben und die Möglichkeit bieten, zu forschen und sich selbstständig mit dem Thema auseinanderzusetzen.

Autor: Semih Önder
Oberstufen-Kolleg an der Universität Bielefeld

Inhaltsverzeichnis

1. Einleitung

Adipositas und Übergewicht sind in allen westlichen Industriestaaten, wie England, Frankreich, Deutschland, USA sowie Japan weit verkündete Probleme. Jedes Jahr steigen die Zahlen der Neuerkrankungen an. Besonders die steigende Prävalenz genannt, von Adipositas im Kindes- und Jugendalter ist besorgniserregend. „Wir leben in einer Umwelt, die das Entstehen von Übergewicht und Adipositas begünstigt" (Laessle, o.S., 2000). Vor einigen Jahren stellte Adipositas ein Problem dar, dass überwiegend Erwachsene betraf, jedoch leiden inzwischen immer mehr Kinder unter Adipositas und den physischen und psychischen Folgen. Für die Kinder steigt das Risiko ernsthafter Erkrankungen mit zunehmendem Alter und Gewicht.

Dem Thema Adipositas wird im Bereich der sozialen Arbeit noch nicht ausreichend Relevanz beigemessen. Dies gab mir Anlass, mich in Form einer Hausarbeit ausführlicher mit dem Thema Adipositas auseinanderzusetzen. Mich interessiert es, wie Adipositas-Patienten behandelt werden. Was sind die Ursachen von Adipositas? Wie müssen sie ihr Leben verändern, damit sie in der Zukunft „gesund" leben können? Warum essen Menschen zu viel?

Mithilfe dieser Hausarbeit möchte ich ebenfalls der Frage nachgehen, was eine „gesunde Ernährung" im Hinblick auf Adipositas bedeutet, da unser Biologiekurs den Titel „Zwischen Essen und Ernährung können Welten liegen", trägt. Um einen Einblick in das Thema zu geben wird zunächst Adipositas definiert. Anschließend werden die Formen von Adipositas beschrieben. Danach werden die Ursachen von Adipositas erläutert und der Frage nachgegangen, warum Menschen zu viel essen. Darauf aufbauend wird Bezug auf die sozialen Faktoren genommen. Des Weiteren werden die Konsequenzen von Adipositas behandelt. Dabei werden die physischen Folgeerkrankungen und die gesellschaftlichen Auswirkungen näher betrachtet. Im Schlussteil meiner Hausarbeit will ich die Therapie- und Behandlungsformen von Adipositas detailliert vorstellen. Im Fazit werden die wichtigsten Aspekte zusammengefasst.

2. Begrifflichkeiten

2.1 Definition Adipositas

Adipositas (*Synonym*: Fettleibigkeit) bezeichnet eine Ernährungs- und Stoffwechselkrankheit mit starkem Übergewicht, bei dem sich im Körper mehr Fettgewebe ansammelt als normal, wodurch das Körpergewicht erhöht wird. Übergewicht ist durch einen Körpermasseindex (BMI) oberhalb von 25 kg/m², Adipositas durch einen BMI oberhalb von 30 kg/m² charakterisiert. Der Body-Maß-Index (BMI) ist eine Messzahl des Körpergewichtes und setzt die Masse des Körpers mit dem Quadrat der Körpergröße in Verhältnis. Man berechnet den BMI-Wert, indem man das Körpergewicht durch die Körpergröße zum Quadrat teilt. „Dabei ist zu beachten, dass der BMI-Wert jedoch nicht den Körperbau (Statur) und das Geschlecht berücksichtigt, sondern nur als ein grober Maßstab angenommen werden darf" (Ruff, 2000, S. 507-517). Menschen, die regelmäßig Bodybuilding betreiben, werden wahrscheinlich von der BMI-Tabelle als übergewichtet eingestuft, obwohl er/sie wenig Fettgewebe hat. Die Unter- und Obergrenzen bei den Wertklassen der Männer sind höher als bei den Frauen, da Männer einen höheren Anteil von Muskelmasse als Frauen haben. Die unten abgebildete BMI- Tabelle fasst die Einteilung der WHO (Weltgesundheitsorganisation) im Jahre 2008 zusammen.

Einstufung (lt. WHO, 2008)	BMI (kg/m²)
Starkes Untergewicht	< 16
Mäßiges Untergewicht	16 – 17
Leichtes Untergewicht	17 – 18,5
Normalgewicht	18,5 – 25
Präadipositas	25 – 30
Adipositas Grad I	30 – 35
Adipositas Grad II	35 – 40
Adipositas Grad III	≥ 40

Abb. 1: BMI-Tabelle zeigt die unterschiedliche Schweregrade der Adipositas und dazugehörige BMI-Werte, Arlt, 2010

Eine Auswertung von fünf US-amerikanischen Kohortenstudien berechnete den durchschnittlichen Verlust an Lebensjahren in Abhängigkeit von BMI und Alter. (vgl., Fontaine 2003, S. 289) Es wird deutlich, dass ein früher Beginn von Übergewicht oder Adipositas und ein steigender BMI mit einer wachsenden Verkürzung an Lebenszeit verbunden sind.

Wie in Kapitel 2 ausführlich Adipositas definiert wurde, stellt sich nun die Frage, welche Formen es von Adipositas gibt.

2.2 Formen von Adipositas

Man unterscheidet zwischen zwei Fettverteilungsmuster. Abdominale (android, „upper body obesity") und periphere (gynoide, lower body obesity) Adipositas. Bei der abdominalen Adipositas setzt das Fett im Bauchraum selbst (visceral) und der Begriff androide (männliche) Adipositas kommt daher, da diese Form bei etwa 80% der übergewichtigen Männer, aber nur bei 15 % der Frauen anzutreffen sind. Man bezeichnet diese Form auch als „apple type". Einige Gesundheitsstörungen dieser typischen Form des Übergewichts, die auftreten können, sind Gelenkprobleme wie Hüftarthrose oder Kniearthrose.

Bei der peripheren Adipositas, setzt die Fettvermehrung überwiegend im Bereich der Hüften und der Oberschenkel an. „Das weibliche (gynoide) Fettgewebe wird als Energiereserve für die Stillperiode nach der Geburt angesehen und steht offenbar unter einer anderen hormonellen Regulation als das viszerale Fettgewebe (Östrogene, Prolactin)". (Bubenzer, 2001, o.S.) Hingegen kommt diese Form häufig bei übergewichtigen Frauen vor und die Prävalenz beträgt 85%, wobei bei den Männern ca. 20% von dieser Form betroffen sind. Bezeichnungen wie „pear type" sind gebräuchlich. Wie beim abdominalen Übergewicht sind Gelenkprobleme genauso häufig zu beobachten.

Als Fazit ist zu sagen, dass bei den zwei Fettverteilungstypen von Adipositas Gesundheitsstörungen begünstigt werden. Doch wie wird Adipositas verursacht? Zunächst wird in dem folgenden Kapitel allgemein erklärt, warum Menschen zu viel essen.

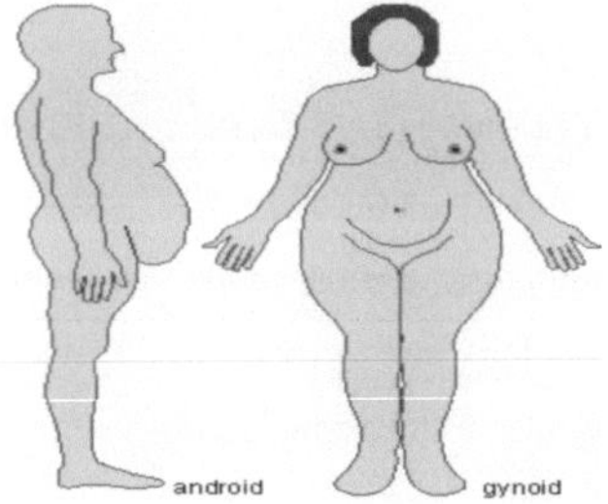

Abb. 2: Dargestellt ist die androide und gynoide Fettverteilung, Bubenzer, 2001, o.S.

3. Ursachen von Adipositas

3.1 Geschichte

Die Hauptursache von Adipositas beruht auf der Geschichte der Ernährung. Heute haben die Menschen viel höhere Erwartungen an die Nahrung als frühere Generationen. Das Essen heutzutage soll Appetit anregen und schmecken. Vor ca. 1.5 Millionen Jahren begannen die Menschen zu jagen. Durch das Jagen bereicherten größere Mengen an Fleisch das knappe Nahrungsangebot. Milch- oder Getreideprodukte gab es zu dieser Zeit noch nicht. Bauern nahmen an der Entwicklung von Milchprodukten teil. Das Grundnahrungsmittel war das Brot, welches aus unterschiedlichen Getreidesorten gebacken wurde. Zu trinken gab es nicht nur Wasser, sondern auch Wein. (vgl., Stiglmair 1988, S.20-25)

Im 15. Jahrhundert fanden europäische Seefahrer den Seeweg nach Indien und Amerika und brachten viele Pflanzen, darunter auch die Kartoffeln, mit nach Europa. Tomaten wurden zu einem wichtigen Bestandteil der Ernährung. Genussvoll bzw. beliebt waren die Zitrusfrüchte, Kaffee, Zucker und Kakao.

Das 18. Jahrhundert war die Zeit der Industrialisierung und die Bevölkerungszahlen stiegen an. Die Ressourcen wurden knapp und Fleisch wurde selten verzehrt; Hunger breitete sich aus. So bekamen die Menschen nur noch neben Brot, Mais, Reis und Kartoffel, um satt zu werden.

Im 19. Jahrhundert, zur Zeit der Entwicklung der neuen Technologie, war es möglich, Lebensmittel luftdicht zu verpacken, sie zu kühlen und zu gefrieren. Die Dampfmaschine konnte Lebensmitten in größeren Mengen mit der Eisenbahn transportieren. Jedoch waren die Menschen in der ersten Hälfte des 20. Jahrhunderts von den beiden Weltkriegen und damit von den Hungersnöten geprägt.

Ab der Postmoderne, also der Zeit nach 1980, wurde Essen in Europa im Überfluss verzehrt. Durch das Überangebot an Nahrung haben die Menschen mit Übergewicht und anderen Folgeerkrankungen zu kämpfen. Die „moderne" Lebensmittelindustrie versorgt die Menschen mit vielfältigen Lebensmitteln für jeden Bedarf. Die Menschen lernen durch neue Kommunikationstechniken Speisen anderer Länder kennen. Das traditionelle Essen z.B. aus der Türkei bietet den Menschen in Europa viel Genuss und Freude. Die Lebensmittel in Europa sind preiswert und viele Menschen können sich diese leisten. Diese Vielfalt an Lebensmitteln, darunter hauptsächlich fettreiches Fleisch, Getreideprodukte etc. begünstigen das Übergewicht, wenn man mit der Fülle nicht richtig umgehen kann.

Oliver Huizinga, Experte für Lebensmittelwerbung sagt: „Kinder sind die Zielscheibe der perfidesten Webestrategien von Lebensmittelherstellern". Ich stimme Oliver Huizinga zu und möchte meine Meinung bezogen auf das 3.1 Kapitel begründet äußern. Mit zuckrigen Snacks verdient die Lebensmittelindustrie viel Geld. Das Problem ist ja, dass die Kinder auf die beworbenen Produkte stehen und sich damit auf Dauer schlecht ernähren. Schlechte Ernährung führt zu Übergewicht. Da es einigen Eltern nichts ausmacht, kaufen die Kinder immer mehr von den Süßigkeiten anstatt sich mit Obst und Gemüse zu ernähren. So wird der übermäßige alltägliche Genuss bestimmter Nährstoffen wie Zucker, Fett oder Salz vermehrt im Körper aufgenommen. Die Prävalenz der Adipositas steigt, wenn man mit der Vielfalt der Lebensmittel (gemeint sind hier die fettreichen und zuckerhaltigen Lebensmittel) nicht verantwortungsvoll umgehen kann. Wenn man als Kind eine bestimmte Süßigkeit lecker findet, kauft man sie auch als Erwachsener. Im Kindesalter kann der Verzehr von ungesunden Lebensmitteln, darunter verpacktes Fleisch oder Pizza, süchtig machen, denn in Fertigprodukten ist Glutamat enthalten. Dieser intensive, würzig-süße Geschmack wird in Lebensmitteln beigemengt, um geschmacklich Mängel auszugleichen.

Eltern tragen selbstverständlich die Verantwortung für ihre Kinder; dennoch muss auch die Lebensmittelindustrie besonders für die Kinder auf die verlockende Werbung verzichten, damit unsere Kinder in der kommenden Generation von einer gesunden Ernährung profitieren können und die Süßigkeiten oder zuckrige Getränke nicht für alltägliches „Lebensmittel" halten. Ich kann aber auch verstehen, dass die Kinder auf Süßigkeiten stehen. Hier sollte man aber darauf achten, dass Kinder nur in mäßigen Mengen Süßigkeiten verzehren und ausreichender Sport treiben.

Die soziokulturellen Faktoren werden in Kapitel 3.2 näher beleuchtet. Wie hängt das mit der sozialen Konstellation zusammen?

3.2 Soziokulturelle Faktoren und soziale Konstellation in Bezug auf die Ernährung

Wie in Kapitel 3.2 erläutert, ist Nahrung so gut wie immer und überall verfügbar. Fast-Food-Ketten haben 23 Stunden am Tag geöffnet und an jeder Ecke findet sich ein Bäcker oder eine Imbiss-Bude. Durch diese ständigen Angebote werden die Kinder und Jugendliche angelockt und damit überfordert. Viele Eltern sind häufig aus beruflichen Gründen nicht in der Lage zusammen mit ihren Kindern zu essen. Immer mehr Fertigprodukte werden verzehrt, weil das Wissen zur Zubereitung von Nahrung fehlt. Außerdem haben sich das Bewegungsverhalten und die Freizeitaktivtäten der Jugendlichen und Kinder verändert. Kinder und Jugendliche verbringen oftmals über die Hälfte des Tages in der Schule. Die Freizeit wird mit der Nutzung von elektronischen Medien z.B. Computer oder Fernsehen gestaltet. Die KiGGS (Kinder- und Jugendgesundheitssurvey) Studie hat ergeben, dass bei den Jungen und Mädchen im Alter von 11-17 Jahren 10,1 Prozent bzw. 21,5 Prozent in ihrer Freizeit weniger als einmal in der Woche körperlich-sportlich aktiv sind. Bei den Mädchen und Jungen, die mehr als eine Stunde pro Tag Fernsehen schauen, beträgt die Wahrscheinlichkeit 11.5 Prozent an Adipositas zu erkranken. 11-17 Jährige Jungen und Mädchen, die weniger als eine Stunde Fernsehen schauen, beträgt die Wahrscheinlichkeit nur 5,3 Prozent adipös zu werden (vgl., Warschburger/Petermann, Adipositas, S.19).

Des Weiteren stellt sich die Frage, ob die soziale Konstellation eines Menschen davon abhängt, mit welcher Wahrscheinlichkeit er/sie adipös wird.

„In der Altersstufe der 11- bis 13-Jährigen sind 12 Prozent mit niedrigem Sozialstatus adipös; bei den Gleichaltrigen mit hoher sozialen Konstellation aber nur 3,6 Prozent." (Warschburger/Petermann, S.21) In den Familien mit niedrigen sozialökonomischen Verhältnissen sind niedrigere Schulabschlüsse, wie alleinerziehende Eltern sowie belastende Lebensumstände, vorzufinden. Das Wohnumfeld und das monatliche Einkommen wirken sich auf das Bewegungs- und Freizeitverhalten aus. Oftmals fehlen den Familien finanzielle Mittel, um die Kosten für einen Sportverein aufzubringen. Eine Umgebung mit wenigen Spiel- und Bewegungsmöglichkeiten kann dazu verleiten, sich in der Wohnung aufzuhalten, was die Prävalenzquote der Adipositas erhöht.

Meiner Auffassung nach sollten Familien mit geringem Haushaltseinkommen dabei unterstützt werden, auch unter diesen erschwerten Bedingungen eine gesunde Ernährung zu gewährleisten. Billige fettreiche Fertigprodukte müssen nicht immer die Lösung sein, um Kinder satt zu machen, denn sie gewöhnen sich daran immer weiter fettige Speisen zu verzehren. Und da ja Adipositas ein gesundheitliches Problem darstellt, wird dies auch in der Zukunft ein Thema sein, die z.B. die soziale Arbeit beschäftigen wird, was in Kapitel 6 näher aufgegriffen wird. Ich kann aber auch verstehen, dass den Familien das ernährungsspezifische Wissen fehlt; um damit besser umzugehen könnten sie diverse Kurse

Falsche Ernährung fördert Adipositas und soll daher in diesem Kapitel behandelt werden, da dies eine Verbindung zu dem Kurstitel „Zwischen Essen und Ernährung können Welten liegen", herstellt.

3.3 Ernährung

Wie in Kapitel 1 kurz beschrieben, ist das Körpergewicht eines Menschen immer abhängig von seiner Energieaufnahme und seinem Energieverbrauch. Die Nahrung, die man zu sich nimmt, wird in Kalorien pro Tag gemessen bzw. der Kaloriengehalt pro Tag wird gerechnet; dies wird als quantitative Nahrungsaufnahme bezeichnet. Unter qualitativer Nahrungsaufnahme versteht man die Zusammensetzung der Nahrung; wie viele Kohlenhydrate, Fett oder Proteine enthalten sind. Menschen, die übergewichtig sind, nehmen mehr Kalorien pro Tag zu sich als Normalgewichtige. Die DGE (Deutsche Gesellschaft für Ernährung) legt nahe, dass die tägliche Energieaufnahme eines Menschen zu 55 Prozent aus Kohlenhydraten, zu 30 Prozent aus Fett und zu 15 Prozent aus Proteinen bestehen sollte. Besonders viel Fett, als man normalerweise benötigt, begünstigt das Übergewicht, denn mit 9 kcal/g hat Fett eine doppelt so hohe Energiedichte wie Kohlenhydrate oder Eiweiß mit jeweils 4 kcal/g. (vgl., Hilbert, 2005, S.29) Die Aufnahmefähigkeit ist bei fettreichen Lebensmittel oder Speisen meist geringer ist, weshalb kohlenhydratreiche Kost einen früheres Sättigungsgefühl bewirken. Ein zu geringer Energieverbrauch zählt neben der hohen Energieaufnahme, zu den Ursachen des Übergewichts. Wer sich wenig bewegt, verbraucht auch wenig Energie. Ein weiterer Punkt ist, dass die Muskelmasse eines Menschen für ihre Erhaltung viel Energie verbraucht. Da adipöse Patienten mehr Fettgewebe und mehr Skelettmuskulatur haben, ist ihr Grundumsatz höher als der von Normalgewichtigen. (vgl., Hilbert, 2005, S.29) Der Grundumsatz steht mit der fettfreien Masse in Wechselwirkung.

Adipöse Menschen müssen mit diversen Konsequenzen rechnen, wie z.B. mit physischen Folgeerkrankungen.

4. Konsequenzen von Adipositas

4.1 Physische Folgeerkrankungen

Zu Folgeerkrankungen zählen u.a. Diabetes mellitus Typ II, Fettstoffwechselstörungen, Herz-Kreislauf-Erkrankungen und Arthrose. Schon im Kindesalter lassen sich Folgeschäden von Adipositas wie z.B. Bluthochdruck diagnostizieren. Im zunehmenden Kindes- und Jugendalter steigt das Risiko für Diabetes mellitus Typ II. Diabetes ist eine Krankheit, bei der der Blutzuckerspiegel erhöht ist. Diabetes mellitus Typ II zeigt sich nicht mit den Anzeichen des Typ I wie starker Durst, Müdigkeit oder vermehrter Harndrang. Oftmals passiert es, dass die Erkrankung unentdeckt bleibt, wenn Kinder oder Jugendliche nicht darauf getestet werden. Probleme wie Hüftgelenksveränderungen oder schwerwiegende Abweichungen der „Gelenkachse" können in Folge von Übergewicht auftreten. Daneben können Infektionen in den Hautfalten auftreten. Bei den Betroffenen ergeben sich insbesondere hohe Cholesterinwerte, was auch das Herz-Kreislauf-System negativ beeinflussen kann.

Nicht nur physische Folgeerkrankungen, sondern auch gesellschaftliche Auswirkungen sind Konsequenzen von Fettleibigkeit.

4.2 Gesellschaftliche Auswirkungen

Betroffene, die in an Übergewicht leiden, sehen sich in ihrem Alltag immer wieder den abschätzenden Blicken ihrer Mitmenschen ausgesetzt. Übergewichtige Menschen werden heutzutage nicht mehr so richtig akzeptiert und haben mit Vorurteilen zu rechnen. Ihnen wird öfters Disziplinlosigkeit und Faulheit vorgeworfen. 4-jährige Kinder bewerten Menschen schon mit den Ausdrücken, wie z.B. „dumm" oder „hässlich". Kinder und Jugendliche im zunehmenden Alter werden diskriminiert und leiden unter Mobbing.

Übergewichtige Frauen wechseln bei einer Heirat auch öfter in eine niedrigere soziale Schicht, als schlanke. (vgl., Wabitsch, 2005, S.95) Adipöse Jugendliche erhalten meist schlechtere Stellen bei der Ausbildung. Übergewichtige und adipöse Kinder haben meist kaum Zugang zu sozialen Interaktion und bekommen dadurch wenig Rückmeldung über ihre eigene Wirkung. Jedoch gibt es auch adipöse Jungen, die sich in negativen Interaktionen wiederfinden und sich somit gegenüber anderen Mitmenschen oder auch Mitschüler aggressiv verhalten. Mädchen leiden eher unter starken Hänseleien und Beleidigungen. Mädchen sind hier dem Druck der in der Gesellschaft bestehenden Schönheitsideale ausgesetzt. Selbst wenn die Mädchen ihr Übergewicht ignorieren, werden sie z.B. in der Schule mit diskriminierenden Ausdrücken beleidigt. Diese boshaften Ansprüche können ein Impuls für die Entstehung einer Essstörung sein.

Mit den physischen bzw. gesellschaftlichen Auswirkungen muss man richtig und bewusst umgehen können. Hierbei empfiehlt es sich, über die Therapie- und Behandlungsformen zu informieren.

5. Therapie- und Behandlungsformen

5.1 Bewegungs- und Verhaltenstherapie

Die Bewegungstherapie zielt auf eine Steigerung der Alltagsbewegung. Durch erhöhte Bewegung kommt es zur Abnahme der Fettmasse und zum Aufbau von Muskelmasse, die auch während der Ruhephasen Energie verbraucht. Gleichzeitig soll das Selbstwertefühl der adipösen Patienten durch ein optimales Bewegungstraining gesteigert werden. Zu einer Gewichtsabnahme sollte ein zusätzlicher Kalorienverbrauch von etwa 2500 kcal/Woche erzielt werden. Um das Gewicht stabilisiert halten zu können, ist eine vermehrte Bewegung von drei bis fünf Stunden wöchentlich empfohlen. Neben Bewegungstraining bieten sich Ausdauersportarten an, wie z.B. Radfahren, Schwimmen, oder Walking. Ein Vorteil der Wasserbewegung ist, dass der Körper im Wasser eine zusätzliche Steigerung des Stoffwechsels und einen thermischen Energieverbrach bewirkt. Übergewichtige bzw. adipöse Kinder und Jugendliche können bei Gruppenaktivitäten in Kontakt mit anderen Kindern mit denselben Problemen treten und positive Erfahrung in Bezug auf Sport sammeln. Hingegen wird bei der Verhaltenstherapie versucht, den Betroffenen zu helfen, indem Betroffene ihre individuellen Gründe für ihr Übergewicht erkennen sollen. Hierbei muss aber darauf geachtet werden, dass in der Therapie verhaltenstherapeutische Techniken eingesetzt werden. „Zu den verhaltenstherapeutischen Techniken zählen u.a. Selbstkontrolle, Modellernen, Genusstraining und Rollenspiele. Die Selbstkontrolle umfasst die Aufzeichung des Ess-, Trink,- und Bewegungsverhaltens mit Hilfe Tagebücher." (vgl., Schmitz, 2015, o.S)

In Gruppentherapien sollen die Betroffenen lernen, negative Gedanken oder Gefühle in Assoziation mit Ernährung und Gewicht abzubauen.

In der Einleitung der Hausarbeit wurde erwähnt, dass eine gesunde Ernährung für adipöse Menschen enorm wichtig ist. In diesem Kapitel wird versucht zu beleuchten, dass die gesunde Ernährung für übergewichtige Menschen als Therapie „eingesetzt" wird.

5.2 Ernährung

Die Ernährungstherapie setzt sich aus verschiedenen Stufen zusammen. Zum einen die Abnahme des Fettverzehrs. „Die Fettaufnahme soll auf ca. 60 Gramm/Tag verringert, um ein tägliches Energiedefizit von 500 kcal zu erreichen." (Koch, 2009, S.100) In sechs Monaten soll dann eine Gewichtreduktion von 3 bis 4 kg erreicht werden können. Die zweite Stufe zeichnet sich durch die fettarme Ernährung aus. Der Verzehr von Eiweißen und Kohlenhydraten wird ebenfalls eingeschränkt. Neben dem reduzierten Fettverzehr muss auch eine energiereduzierte Mischkost als Ausgangspunkt bei jeder Therapie sein. Eine Mischkost besteht aus i. d. R. aus Lebensmitteln wie Vollkornprodukten, Gemüse, Obst, Milch und Milchprodukten und einem geringen Anteil an Fleisch, Öl und Fett. Die Mischkost soll zu über 50 Prozent aus hochwertigen Kohlenhydraten bestehen. „Um eine langfristige Gewichtsabnahme zu erreichen, muss die tägliche Kalorienaufnahme den Energieverbrauch um ca. 500-800 kcal/Tag unterschreiten." Außerdem sollten mindestens 1,5 Liter an Wasser getrunken werden.

In dem nächsten Kapitel wird die Relevanz der sozialen Arbeit im Hinblick auf Adipositas detailliert thematisiert. Jedoch wird hier das Kapitel *subjektiv* also aus meiner Sicht und Weise *kritisch* behandelt.

6. Kritik (Relevanz für die soziale Arbeit)

Das Thema (soziale Arbeit) wird in der Gesellschaft noch nicht stark manifestiert, obwohl Übergewicht und Adipositas defizitäre Probleme im Bereich der sozialen Arbeit wiederspiegeln. Familien mit Migrationshintergrund sind durch präventive Maßnahmen schwer zu erreichen. Familien mit geringen Sprachkenntnissen werden in vielen Therapieangeboten nicht berücksichtigt.

Meiner Ansicht nach kann hier die soziale Arbeit ihre Zugänge zu diesen Familien nutzen und sie beraten. Fachkräfte können Familien mit niedrigem sozialem Status unterstützen, z.B. wie man mit einem geringem Haushaltseinkommen eine gesunde Ernährung verwirklichen kann etc. Im Bereich der Jugend- und Kinderarbeit kann die soziale Arbeit durch die Angebote wie z.B. in Form von Bewegungs- oder Kochkursen ihre Stärken zeigen. Zum Schluss möchte ich appellieren, dass Sozialarbeiter überwiegend im Bereich der Adipositas-therapie vertreten sein sollten, um Betroffene jederzeit zu helfen und zu unterstützen.

Im Schlussteil der Hausarbeit wird kurz die Epidemie von Adipositas in Prozentzahlen dargestellt.

7. Verbreitung von Adipositas

Laut WHO gibt es weltweit über 300 Millionen adipöse Menschen, davon 115 Millionen in Entwicklungsländern. Im Jahre 1995 waren nur 200 Millionen adipös. Die WHO warnt vor einer zunehmenden Ausbreitung von Adipositas.

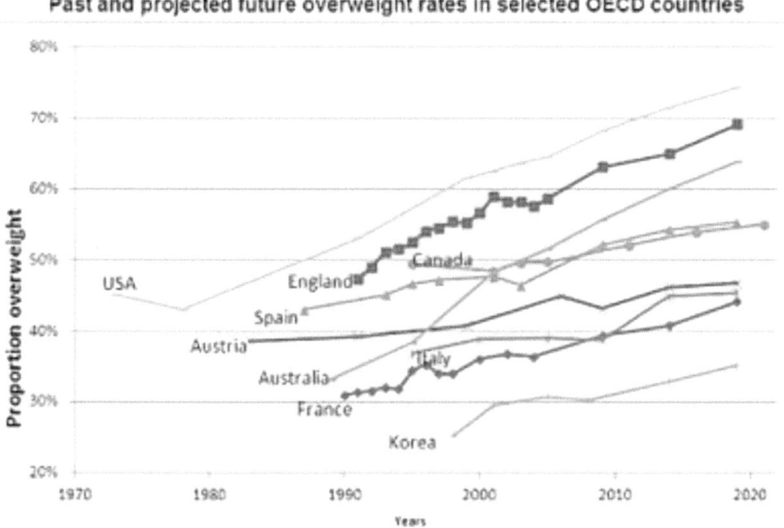

Abb. 3: Prozentualer Anteil der Adipösen nach den ausgewählten OECD-Ländern (Entwicklungsländer)

Im Jahr 2003 waren laut der Mikrozensus-Erhebung (statistische Erhebung) in Deutschland 13,6 Prozent der Männer und 12,3 Prozent der Frauen ab 18 Jahren adipös. (vgl., Koch, 2009, S.100) Im Jahre 2009 wurde erhoben, dass 15,7 Prozent der Männer und 13,8 Prozent der Frauen adipös waren. Dagegen sind derzeit sind in Deutschland insgesamt 15 Prozent der Kinder und Jugendliche von 3-17 Jahren übergewichtig und 6,3 Prozent davon leiden unter Adipositas. Hochgerechnet auf die Bundesrepublik entspricht diese eine Zahl von ca. 800 000 adipösen Jugendliche und Kinder. In den USA leiden 30 Prozent der Einwohner unter der chronischen Erkrankung Adipositas. In den ungebildeten sozialen Schichten wie beispielsweise bei den Indianern oder Afroamerikanern, ist häufiger mit Adipositas zu rechnen.

Die Ergebnisse aus diesem Kapitel führen zu dem Schlussteil der Hausarbeit. Hier soll Bezug zu den relevantesten Themen genommen werden.

8. Fazit

Diese Hausarbeit ist wissenschaftlich gesehen von Bedeutung, denn Adipositas und Übergewicht sind weltweit zu gesundheitlichen Problemen angewachsen. Fettleibigkeit und Übergewicht werden auch in der Zukunft relevante Themen sein. Besonders ein niedriger Sozialstatus fördert die Entstehung von Übergewicht und Adipositas. Mütter sollten besser über eine gesunde Ernährung (d.h. nährstoffdeckend) schon während der Schwangerschaft aufgeklärt werden, da ein hohes Geburtsgewicht kritisch für späteres Übergewicht sein kann.

Lehrer und Erzieher sollten geschult werden, von Adipositas betroffene Kinder zu erkennen und Eltern beraten. Bereitstellung preisgünstiger Sport- und Freizeitangebote für Kinder und Jugendliche helfen, mehr Bewegung in den Alltag von Kindern einzubringen. Auch die Politik könnte hier miteingreifen, indem sie bestimmte Lebensmittel z.B. durch grün (empfehlenswert), gelb (bedingt empfehlenswert) und rot als weniger empfehlenswert kennzeichnen.

Ich bin in meiner Hausarbeit strukturiert vorgegangen. Zunächst musste ich mich über die Grundlagen des Themas, z.B. die Definition von Adipositas, Ursachen etc., klar werden. Überleitungen haben mir geholfen, meine Hausarbeit zu strukturieren. Sie verknüpfen die Informationen zwischen den Kapiteln mit bisherigem Wissen. Auf diese Weise konnte ich den roten Faden meiner Hausarbeit verstärken. Es war überraschend zu sehen, dass das Thema (Adipositas) immer noch nicht genug Relevanz in der sozialen Arbeit beigemessen wird. In dieser Hausarbeit habe ich mich ebenfalls mit einigen Themen kritisch auseinandergesetzt, die für mich besonders repräsentativ waren.

Mithilfe meiner Hausarbeit konnte ich mein Wissen über das Thema Adipositas erweitern. Jetzt weiß ich auch mehr Bescheid, wie man mit den Betroffenen umgehen muss und wie man sie unterstützen kann. Das Leben unserer Kinder steht schon jetzt im Vordergrund und sie sollen später im weiteren Leben von einer gesunden Ernährung profitieren. Dies gab mir hauptsächlich Anlass mich mit adipösen Kinder- und Jugendliche zu beschäftigen.

9. Literaturverzeichnis

Arlt, Matthias: Adipositas- Warum werden Menschen immer dicker?, 2010, In: www.pflanzenforschung.de/files/cache/ Abgerufen am 27.11.2015

Bubenzer, Rainer: Gynoide Adipositas, 2001, In: weniger.kg/lexikon/g/gynoide-adipositas.htm

Hilbert : Diagnostik- Essstörungen und Adipositas, Göttingen, 2005, S.29

Koch, Robert: Ergebnisse der Studie Gesundheit in Deutschland aktuell 2009, Daten und Fakten, S.100

Laessle, Wurmser: Restrained eating and leptin levels in overweight preadolescent girls, 2000

Redden, Fontaine: Years of life lost due to obesity, 2003, S. 187- 193

Ruft, Christopher: Body Mass Production from Skeletal Size in Elite Athletes, 2000, S. 507- 517

Schmitz, Marc: Adipositas- Bewegung, 2015, In: www.onmeda.de/krankheiten/ Abgerufen am 27.11.2015

Stiglmair, Anton- Tiere und Pflanzen im alten Dorf, Kataloge und Begleitbücher, Nr.5, 1988, S.20-25

Wabitsch, Kiess: Adipositas bei Kinder und Jugendlichen, Grundlagen, Klinik Heidelberg, 2005

Warschburger/Petermann: Adipositas, Leitfaden und Kinder-Jugendpsychotherapie, Band 10, Kempter 2008